クジラ解体

小関与四郎

春風社

「鯨」撮りの現在まで

小関与四郎

房総の和田浦や千倉には、昔から地元の名物として知られている「鯨のタレ」なる伝統産物が今も存在している。

鯨の生肉を、手のひらを広げたほどの大きさで薄切りにし、味付けした上で天日干しにして仕上げるが、これが美味と大変な人気がある。

若い頃の私は、鯨のタレの噂を知るだけで見たことも食したこともなく、ましてや巨大な生の鯨の水揚げの様子などを見る機会は全くなかった。

一九八六年一月のことだった。「房総の和田浦港で、大型鯨を水揚げして解体している捕鯨会社がある」ということを聞き、撮らなければという気になった。この頃の私は千葉県内の生活風土などを自分の写真テーマとして撮影しており、勿論《もちろん》この鯨も対象だ。当時、和田浦にあった地元事情に詳しいガソリンスタンドとは、給油のためにたびたび立ち寄ったこともあり、よく知る間柄だった。ここで教えてもらったのは、「和田浦港でも来年頃からは、マッコウクジラの解体は見る機会がなくなるだろう、今年が最後になるかもしれない」という、私にとって驚きの情報だった。

「マッコウクジラは大型捕鯨の規制対象になるから……」この話を聞き、何とか今のうちに撮らなければと気持ちは焦るばかり。

数日間気をもんでいたところ、ある夕方、「明日は早朝から数頭の解体がある」というガソリンスタンドからの確かな情報だった。私は夜中の十二時過ぎに和田浦を目指して車を走らせ、三時間近くをかけて港に着いた。

早朝でまだ辺りが暗い中、解体場を照らす裸電球が何個もぶら下がって作業をする人々を照らし、今までに見たこともなかった巨大鯨の姿が！　この現場は、壮絶という以外に言葉がない雰囲気で、作業場は鮮烈な色に染まり、独特な血臭が漂う。私は驚き、興奮し、前後の考えもなく、バシッ！と一発ストロボを浴びせた。即座に、「止めろ！」と私に怒声が飛んだ。当然といえば当然だが、解体にあたっていた捕鯨会社・日東捕鯨の所長さんが私の意図を了解し、撮影を許してくれた。その結果が、この一連の記録写真なのです。

写真集で取り上げた鯨の解体は、マッコウクジラとツチクジラの二種類です。ともに和田浦で撮影の歯鯨で、髭鯨の写真はありません。現在行われている鯨の解体のほとんどは一般に公開されておらず、私には撮ることが出来ないからです。また、日東捕鯨も大型捕鯨の規制を受けて捕鯨から撤退、現在では捕鯨会社としては存在していません。

でも、和田浦の捕鯨会社・外房捕鯨によってこの伝統が続けられ、捕鯨時には誰でも自由に解体を見ることが出来るのです。とはいえ、一般も見られるのはこの和田浦港だけで、太地港でも鮎川港でも、一般の人は、鯨船が母港としているところであっても解体を見ることが出来ないのです。

なぜ和田浦では今も堂々と一般にも公開して解体が出来るのか？　それは捕獲しているツチクジラが、ＩＷＣ（国際捕鯨委員会）の規制している十三種類以外の鯨であることも一因でしょう。大型の鯨を保護するというのなら、ツチクジラよりもミンククジラのほうが小さいのに規制対象に入っているのはなぜかなど、ＩＷＣの規制も私などにはよく理解出来ません。

私も写真集を意識するまでは、鯨に関して歯鯨も髭鯨も、沿岸小型捕鯨も調査捕鯨も、どんなことだか全くわからなかったのです。ただ、興味で鯨にカメラを向けただけに過ぎません。

若い頃から大分年月が過ぎた今は鯨論争も大きく膨らみ、世界中で賛否が渦巻いている。果ては外国人が暗視カメラ、水中カメラなどを使って撮影したイルカ漁の映画論争も巻き起こり、「公開する」「阻止する」などと、鯨町で知られる和歌山県太地町はマスコミなどによって報道され大騒ぎになったが、その解決はまだ見えない。
　捕鯨論争の渦中にある、古式捕鯨発祥の地・太地とはどんな土地なのだろうか？　その歴史も伝統も知らない私が鯨の写真集を出していいのかと思うと、どうしても自分の無知ゆえに一歩踏み出すことができなかった。しかし、伜《せがれ》の協力、案内に後押しされ、太地など捕鯨と共に生きる地域を訪れたのは、二〇一〇年のことです。

　太地の捕鯨では、太古の昔、燈明崎の突端から山見番が、大海・熊野灘の沖合を泳ぐ鯨を発見し、次の梶取崎に合図、梶取崎は烽火《のろし》を上げ、沖に待機する船に伝えたという生々しい記録が残っているが、人間も鯨も互いに生きるための必死で壮絶な戦いの場であったに違いない。この地に先祖が漂着し代を重ね、江戸初期に、和田頼元という先人が初の鯨刺手組《くじらさしてぐみ》を組織し太地の捕鯨はますます栄えたと記されているが、一八七八（明治十一）年に親子連れのセミクジラ漁の際に流されて遭難、百人を超える犠牲者を出し、それにより栄えていた和田一族の捕鯨は壊滅したと記録されている。
　その悲劇を物語る墓標が今も残り、太地港には捕鯨船「正和丸」、「第七勝丸」が存在し、「白鯨」と名付けられた国民宿舎、そして「くじらの博物館」が大きく町内に陣取っており、歴史深い捕鯨の町を意識させられる太地。しかし、この太地でも鯨の解体は関係者以外、地元民でも今は見ることはできないと、浜に集っていた四、五人の古老たちはそう私に教えてくれた。

岩手県山田町にあった日東捕鯨の跡地を訪ねるため、新幹線を新花巻で下車。四月でも小雪が舞い、所々に残雪が残る山深い谷川沿いの曲がりくねった九十九折《つづらお》りの険しい山道を、レンタカーでようやくの思いで乗り越え、日東捕鯨のあった場所を訪ねたが、今は駐車場とスーパーマーケットに姿を変えていた。

日東捕鯨から約五十人が、漁期になると和田浦に出張、外房捕鯨に解体場を借りて、マッコウクジラの解体に従事していた。和田浦で撮影を許してくれた所長さんも山田町で暮らしており、所長さんの案内で、跡地や鯨の資料館などを見て回ったが、私の希望した当時の解剖係の誰とも会うことは出来なかった。日東捕鯨の捕鯨からの撤退で、関係者はそれぞれ転職や退職、それに世を去った人もあって、遠い昔の話となっていた。

和田浦でマッコウクジラの解体をやっていた頃、捕鯨に反対する者が、沖の鯨船に人気のない側から侵入、自分の体を鍵付きの鎖で捕鯨砲に巻き付け、鍵を海中に投入してしまったこともあった。このため、海上保安庁は船ごと連行したという。また、鯨の頭から採取される脳油は、かつては宇宙開発に欠くことの出来ない貴重な油だった。そんな当時の話を所長さんから伺って、山田町を後に、宮城県鮎川港に向かった。

鮎川港では、日本沿岸で小型捕鯨を行っている五隻のうち四隻が集結、待機していた。船は太地の「第七勝丸」、房総の「第三十一純友丸」、それに地元の「第二十八大勝丸」、「第七十五幸栄丸」の四隻で、出港が近かったのか、準備で多忙の様子だった。

こうした中で、手広く事業もし、捕鯨にも関心の高い、ある地元の人は、「この鮎川でもなぜ堂々と解体でも何でも一般に見せて、捕鯨を理解させないのか」と熱を込めて語った。「そうなれば昔のようにまた活気ある町に発展するのでは?」とも……。また鯨の工芸品などを作る職人は、「昔は大勢いたが、現在は一人だけで、材料のマッコウクジラの歯の在庫も今は底の状態」と語り、「先行きは知れている」と苦笑した。

だが鮎川港は、日本の捕鯨力を世界に示した大手の水産会社などの歴史も残る港だ。しかしこの鮎川港も、和田浦港のように一般に鯨を公開する港ではない。これも捕鯨に関する賛否の議論に関係することを怖れるからなのだろうか。

今後、捕鯨論争はますます過熱していく可能性もある。だからこそ、日本の調査捕鯨の重要性と正確なデータをということになるかも知れないが、互いに自国論ばかり主張せず、話し合いで何かよい解決法はないのかと思う人も多いはずだ。

世論の激しい時に何故このような写真集を世に、と思われるかも知れませんが、ごく自然な成り行きで、ありのままの姿を正面から見据えて記録するのが私の信条なのです。つまり、こういう時代もあったという事実の記録を残したくて、これが良しか悪しかというよりも、「事実は事実」の記録として残し伝えたい。それは、このようなルポ風の「写真鯨録」が世になかったから。二十五年前に自分が出会い、直視した事実と、現在の規制された中で、記録としてのこれらの写真が生きる方法をいろいろと模索したのです。

幸いなことに、若く元気のある出版社が私の意に理解を示し、出版に踏み切ってくれたことに深く敬意を表し、写真集に込めた記録や願いが未来の資料になることを心から念じ、世に送り出した次第です。

古式捕鯨太地の今

二〇二〇年

古式捕鯨燈明崎山見跡
吉野熊野国立公園
環境庁和歌

古式捕鯨梶取崎狼煙場跡
吉野熊野国立公園
環境庁和歌

くじら供養碑
昭和五十四年三月建立
わが町の先人たちは古くから捕鯨業を営み更にこれを
継承して今日に至っている 為に町は栄えわが国捕鯨発祥
の地として観光的にも広くその名を馳している
鯨はまた国民生活をも支え国家の発展にも貢献している
その恩恵は誠に大きい、ここにくじらの供養碑を建立し
て鯨魂の永く鎮りますことを祈るものである、建設に
あたり町出身の捕鯨関係者有志の御協力に深く感謝
し鯨と共に生きる太地町の発展を切に祈念するものである
昭和54年3月
太地町長 脊古芳男

俗名市松思左エ門同門頼元

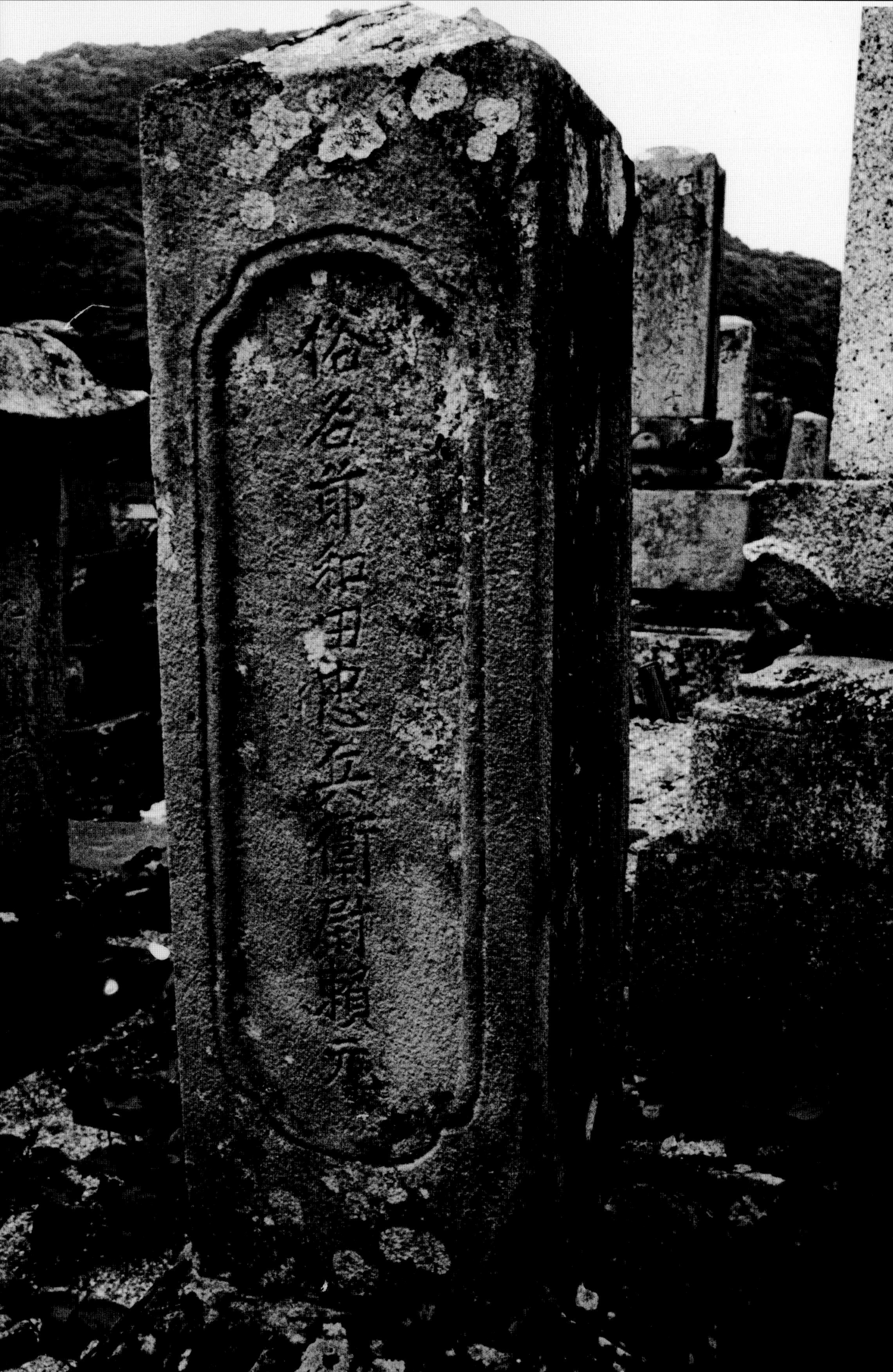

和田家之墓

妙典石經

正和丸
歌山

第七勝丸

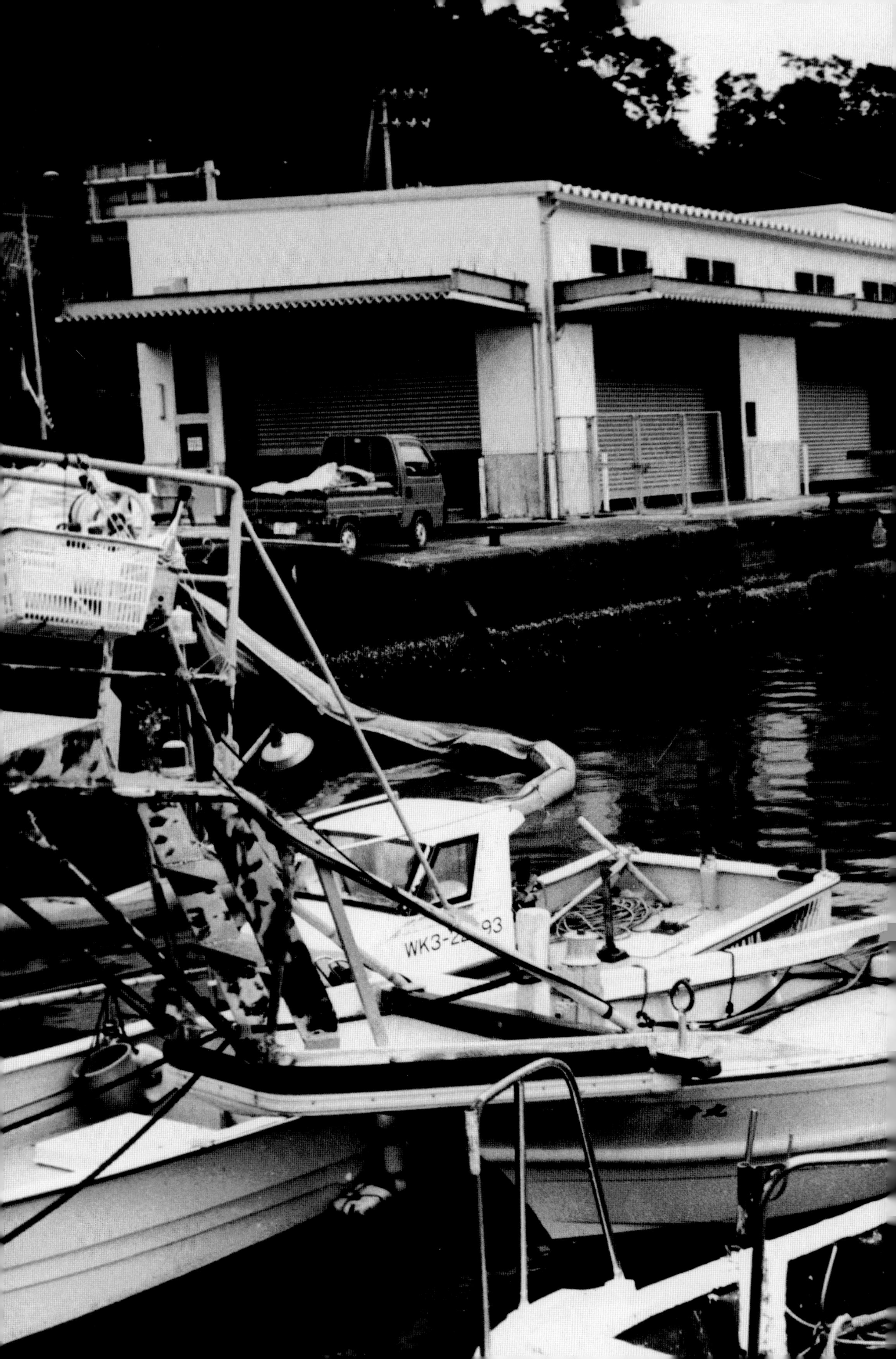

白鯨

NCIS
CRIMINAL INVESTIGATIVE SERVICE

マッコウクジラ解体昔日

一九八六年

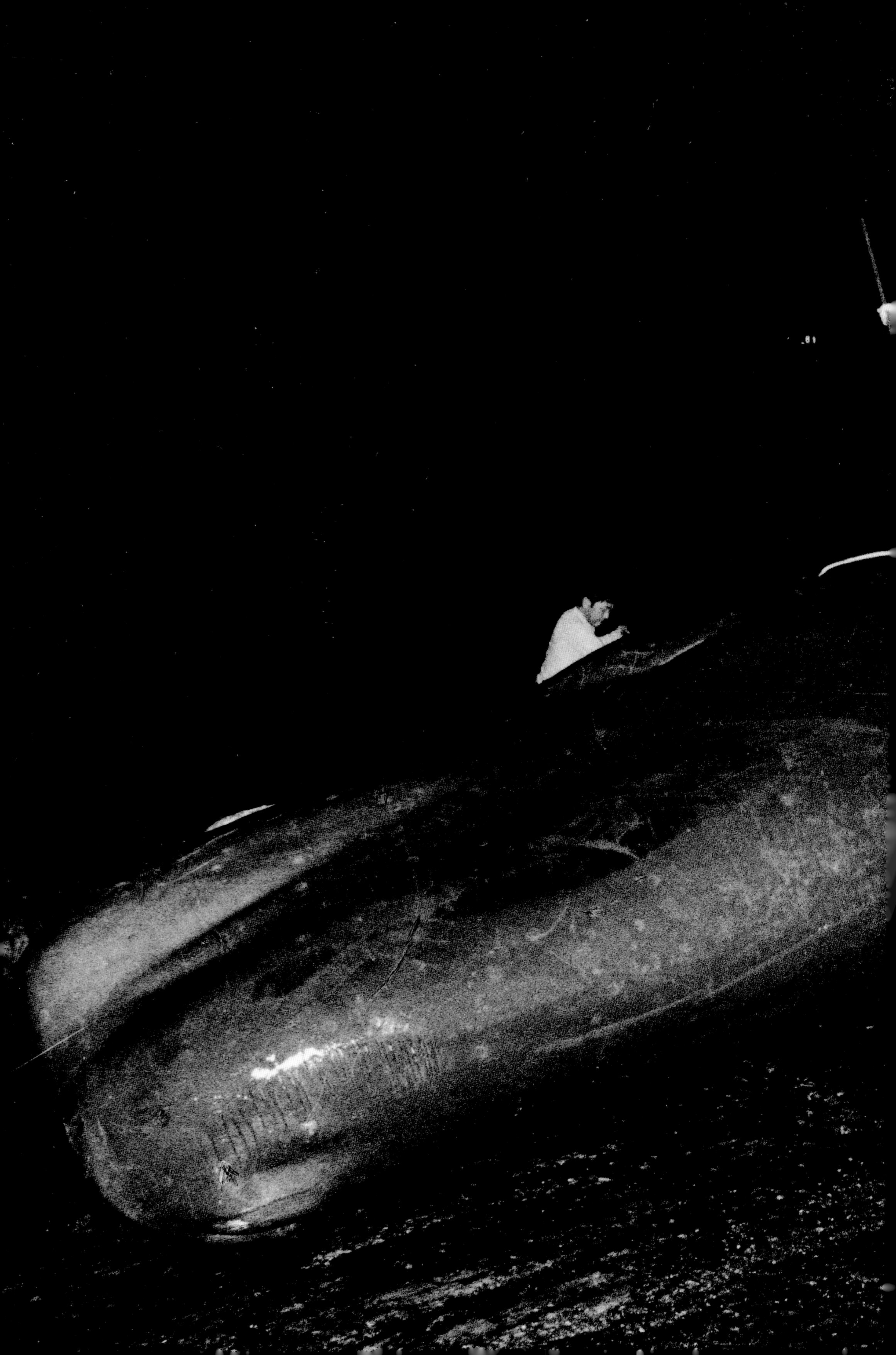

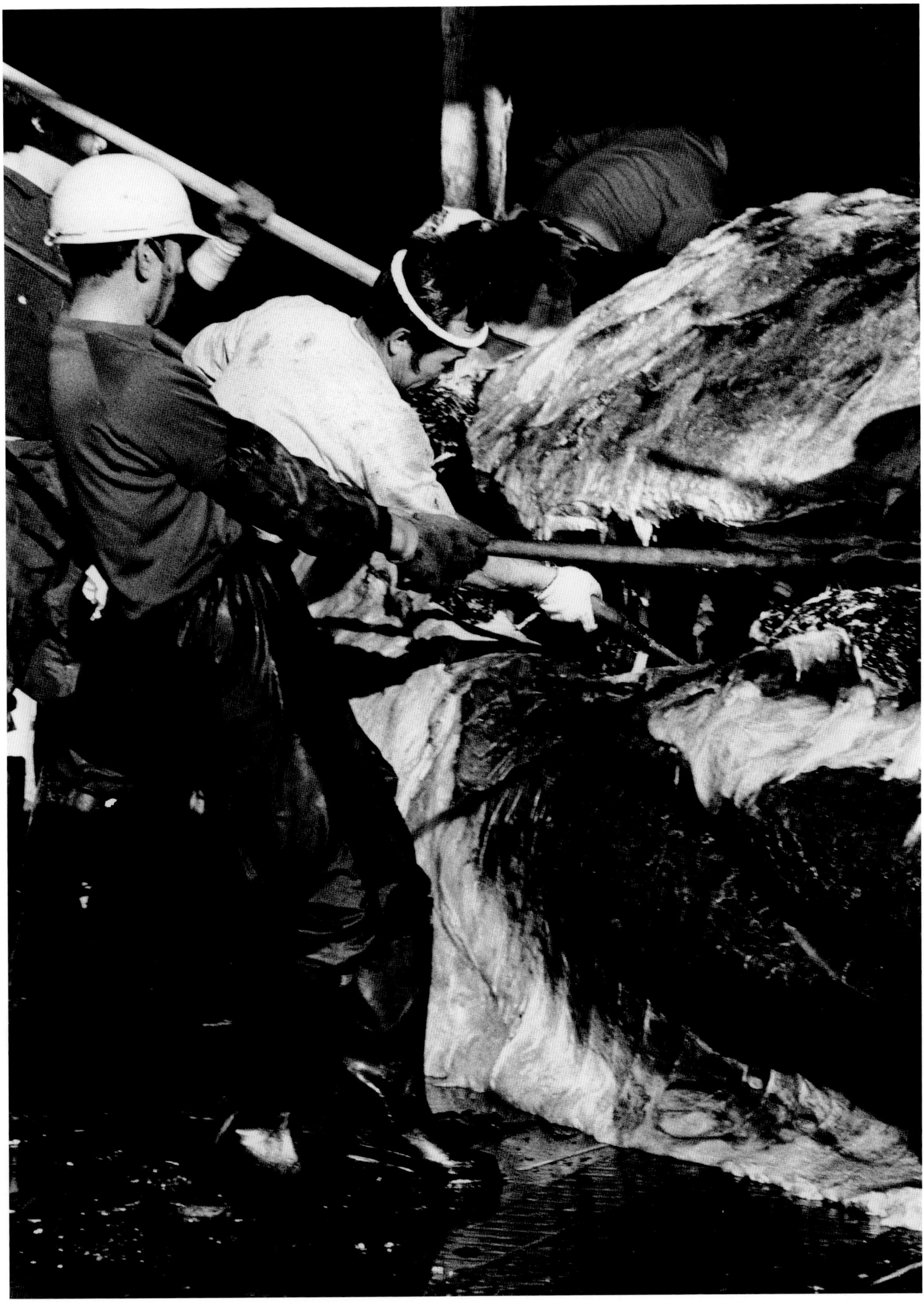

サトウ

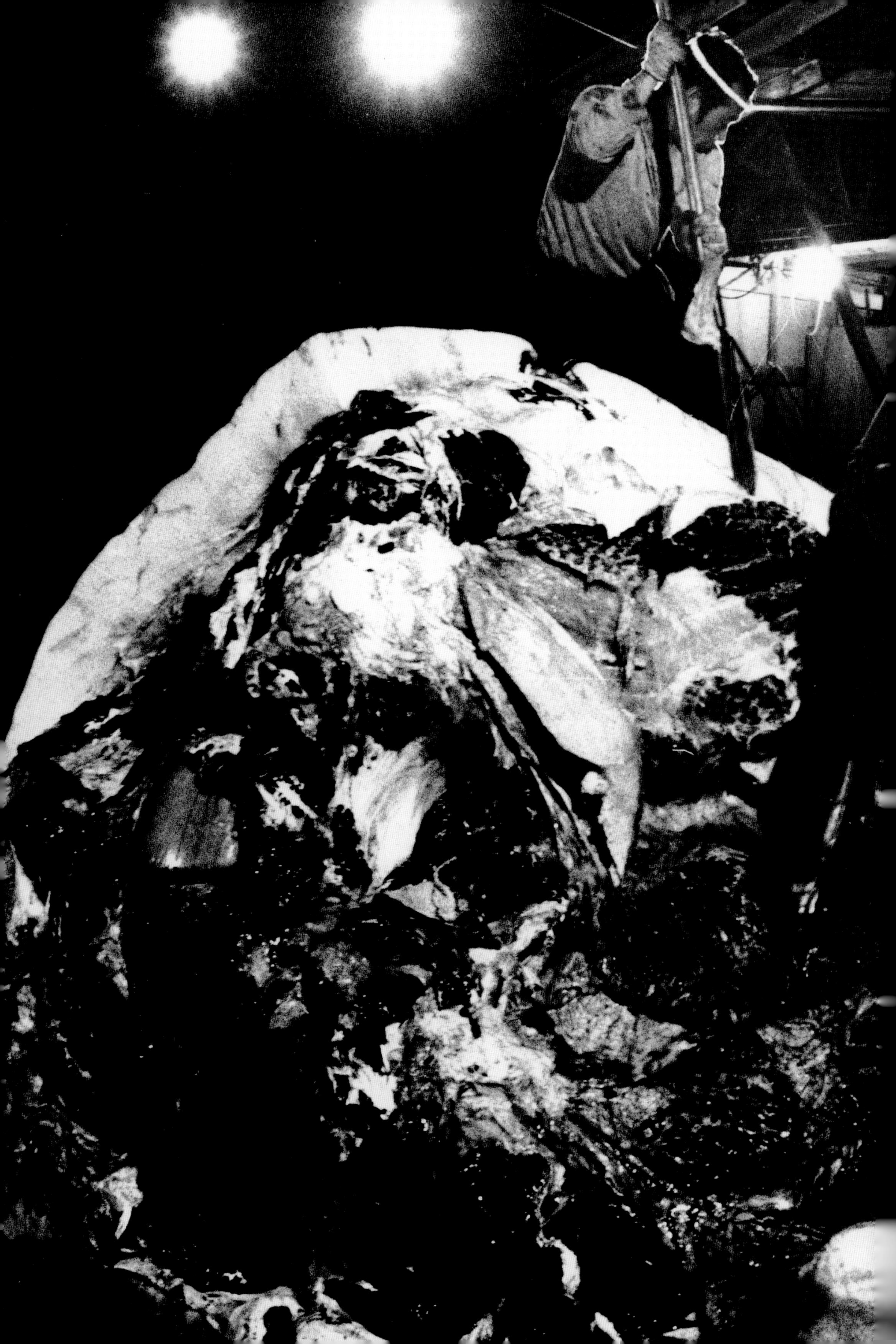

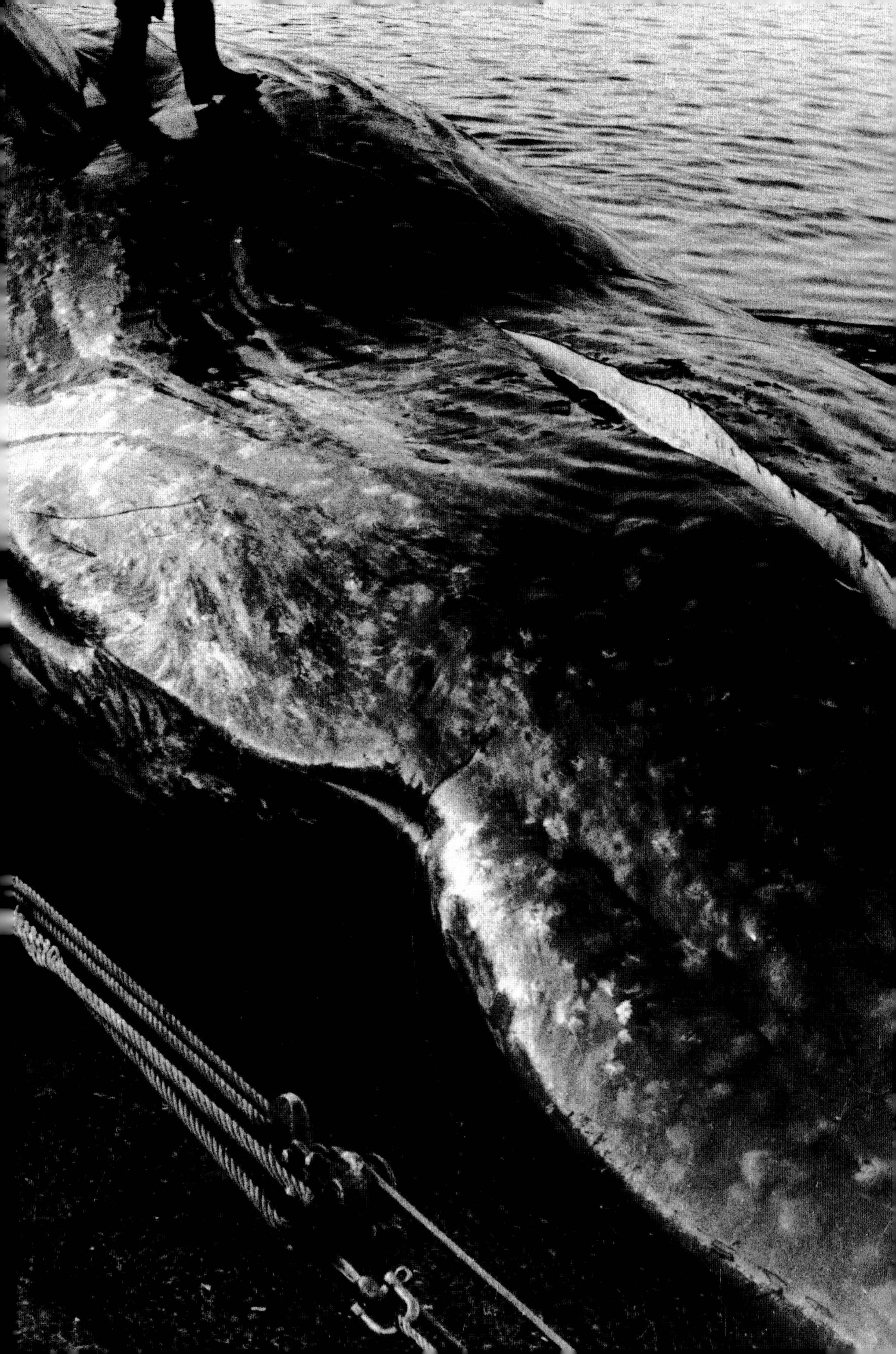

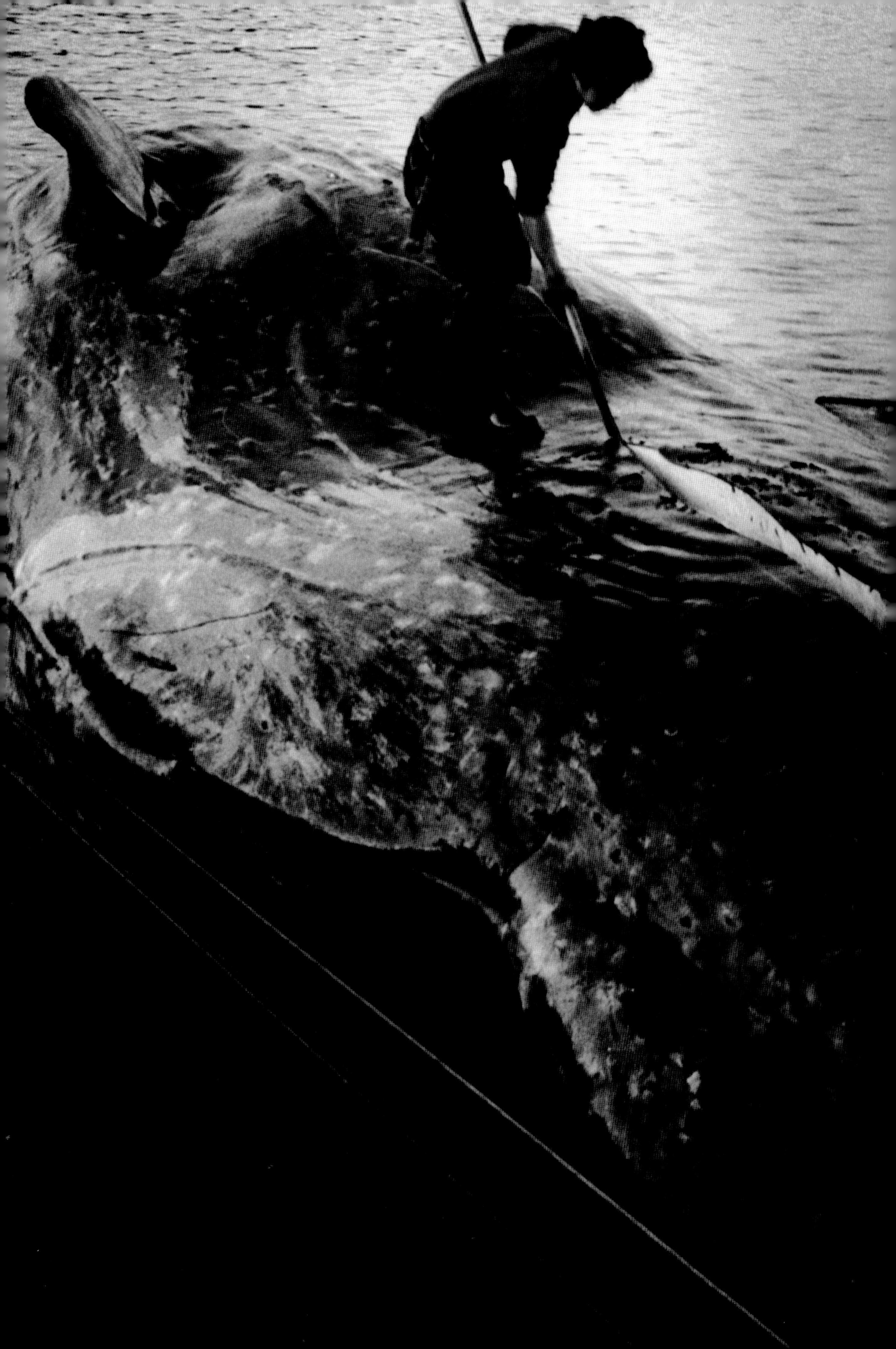

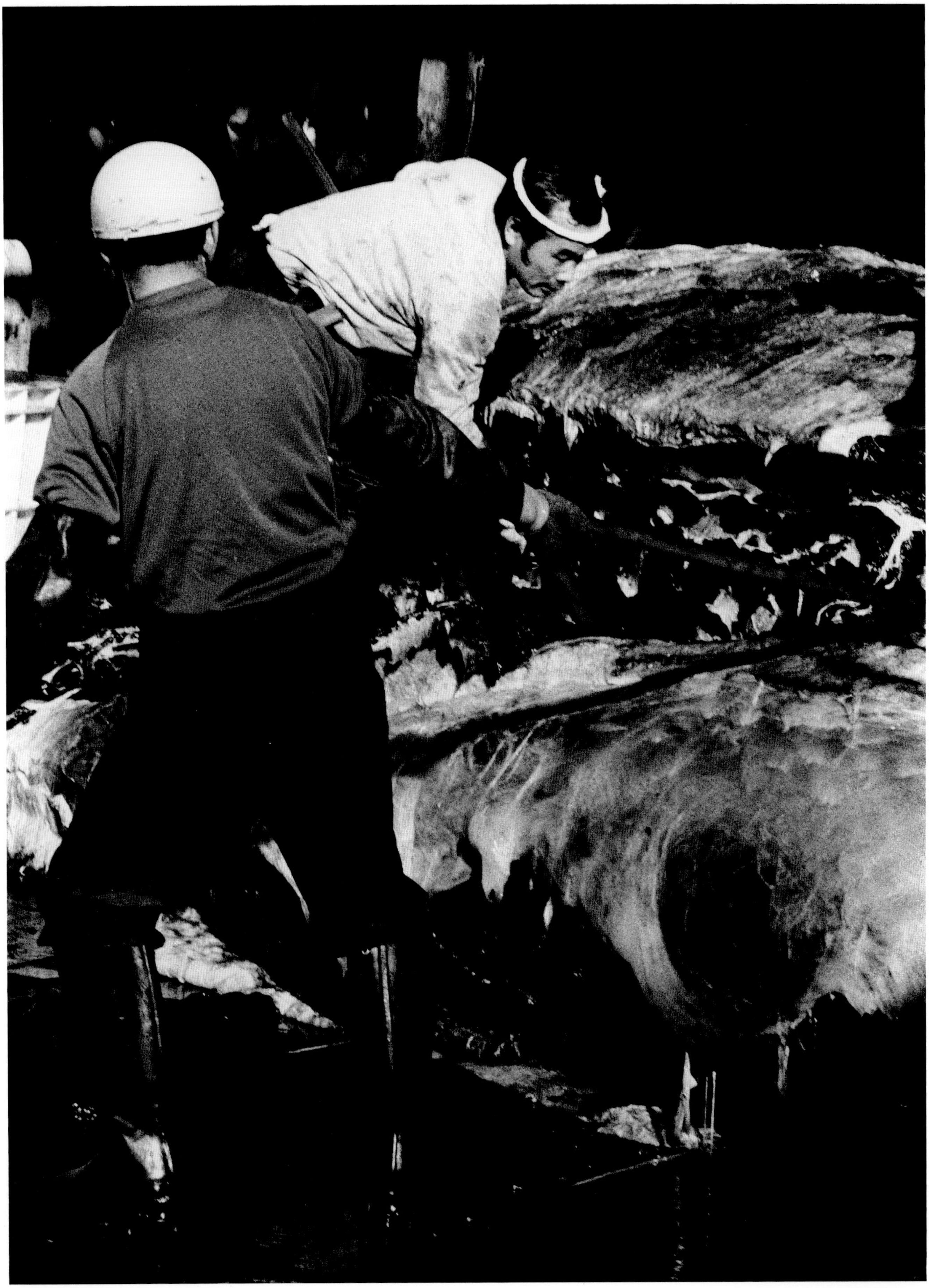

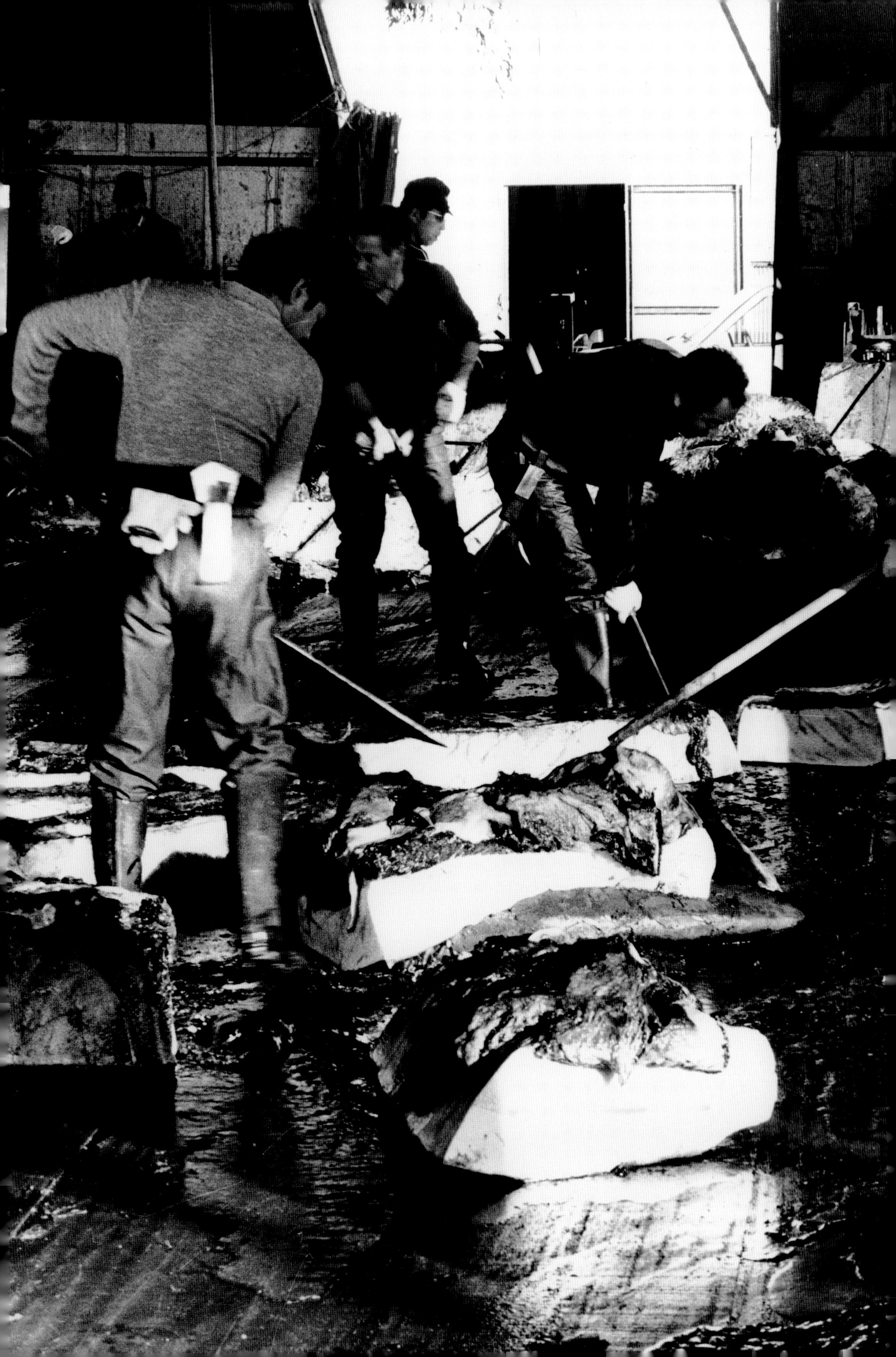

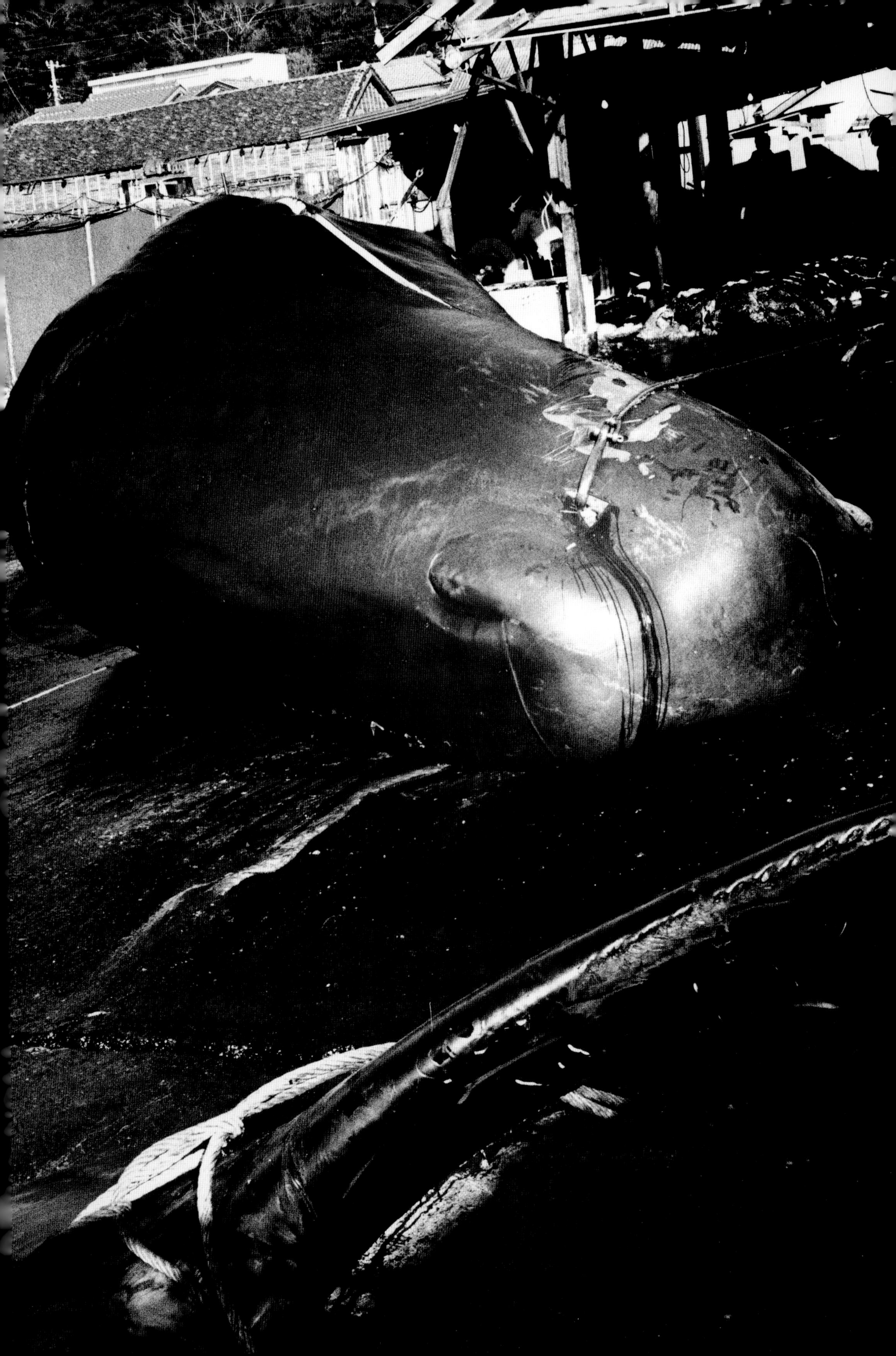

昭和運送
昭和運送興業株
一般

関係者以外
当

大阪屋

店

沿岸捕鯨鮎川港

二〇一〇年

第二十八大勝丸
TAISHŌ MARU №28

小6

K

第二十八大勝丸
宮城県石巻市

¥6800
¥6800
6800
¥5800
¥4800
¥8800
3800
¥4800
4800
¥5800

志野徳助像
志野徳助氏頌
志野徳助君は宮城
の長男として生る
世界を航海し刻苦勉励
明治四十年諾威式捕鯨法の吾
り研鑚努めて捕鯨砲術を創始多数の改良を
に大なり
昭和四年獨逸ベルリンに國際捕鯨会
に寄與すると共に南氷洋捕鯨事業を詳細に
提唱す
昭和十一年機到るや吾國最初の捕鯨母船
同年十月工成るに及び船團長として勇躍壯
ーマントルに寄港中腦溢血にて急逝す痛恨
君人と爲り至誠温情吾國漁船の遭難多きを
の普及に力を致す君事に當るや放膽にして
吾國捕鯨業隆昌の基を開く
茲に君が不朽の功績を稱え永く其の徳を傳
昭和二十五年九月

和田浦港とツチクジラ

二〇二〇年

08ST
022

LOVE
SUR

McKinley

08ST
022

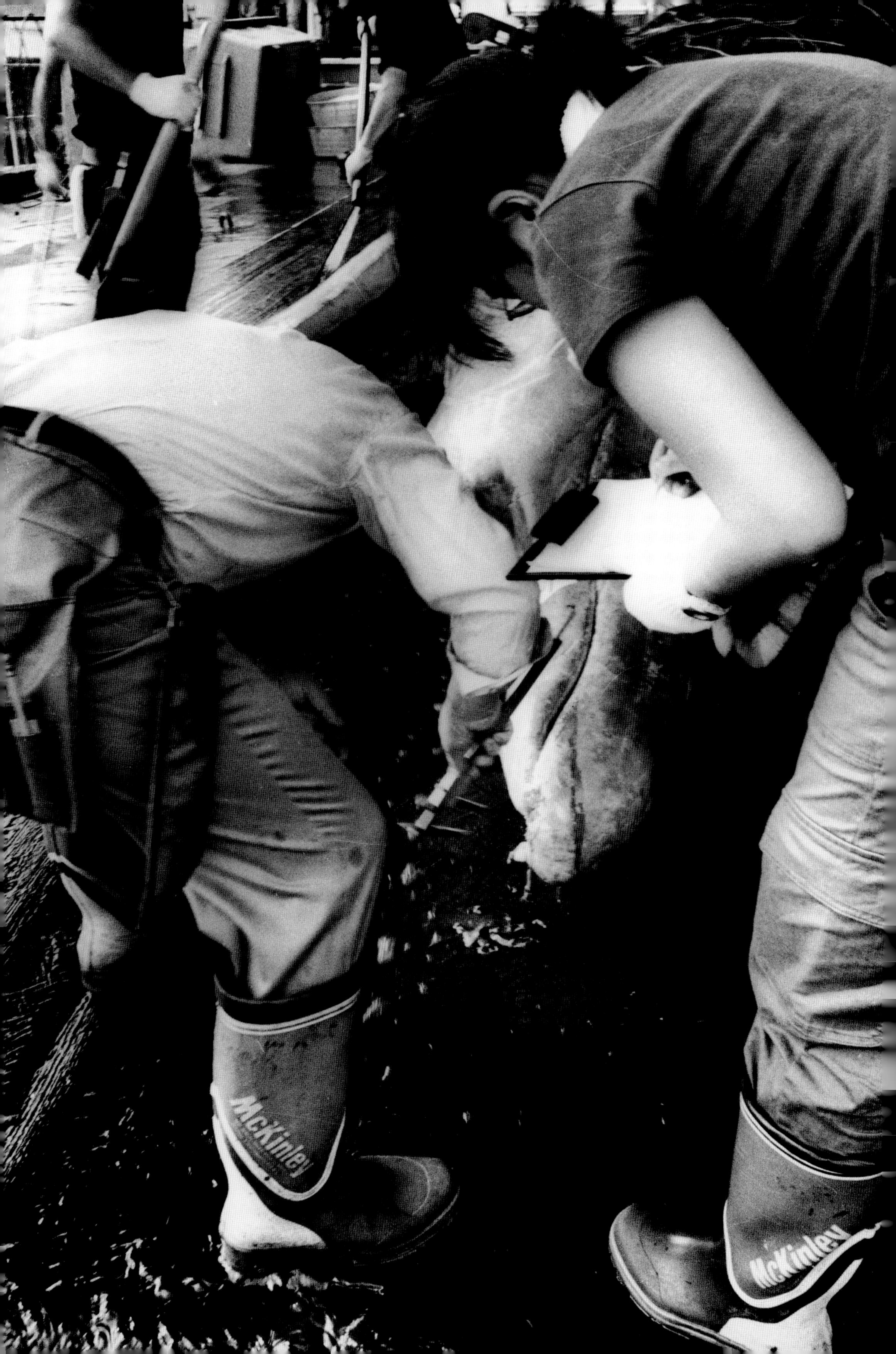
McKinley
McKinley

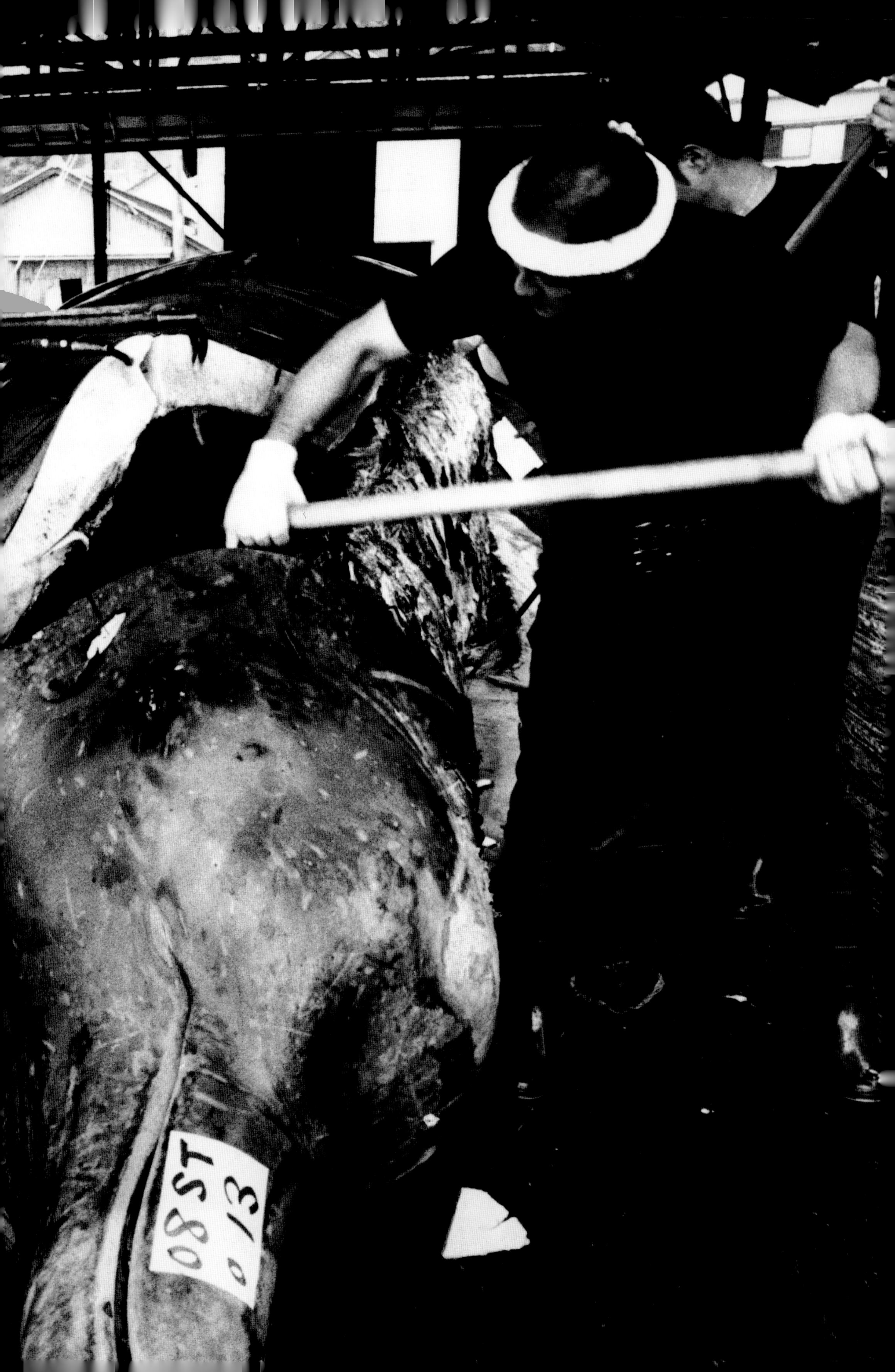
08ST

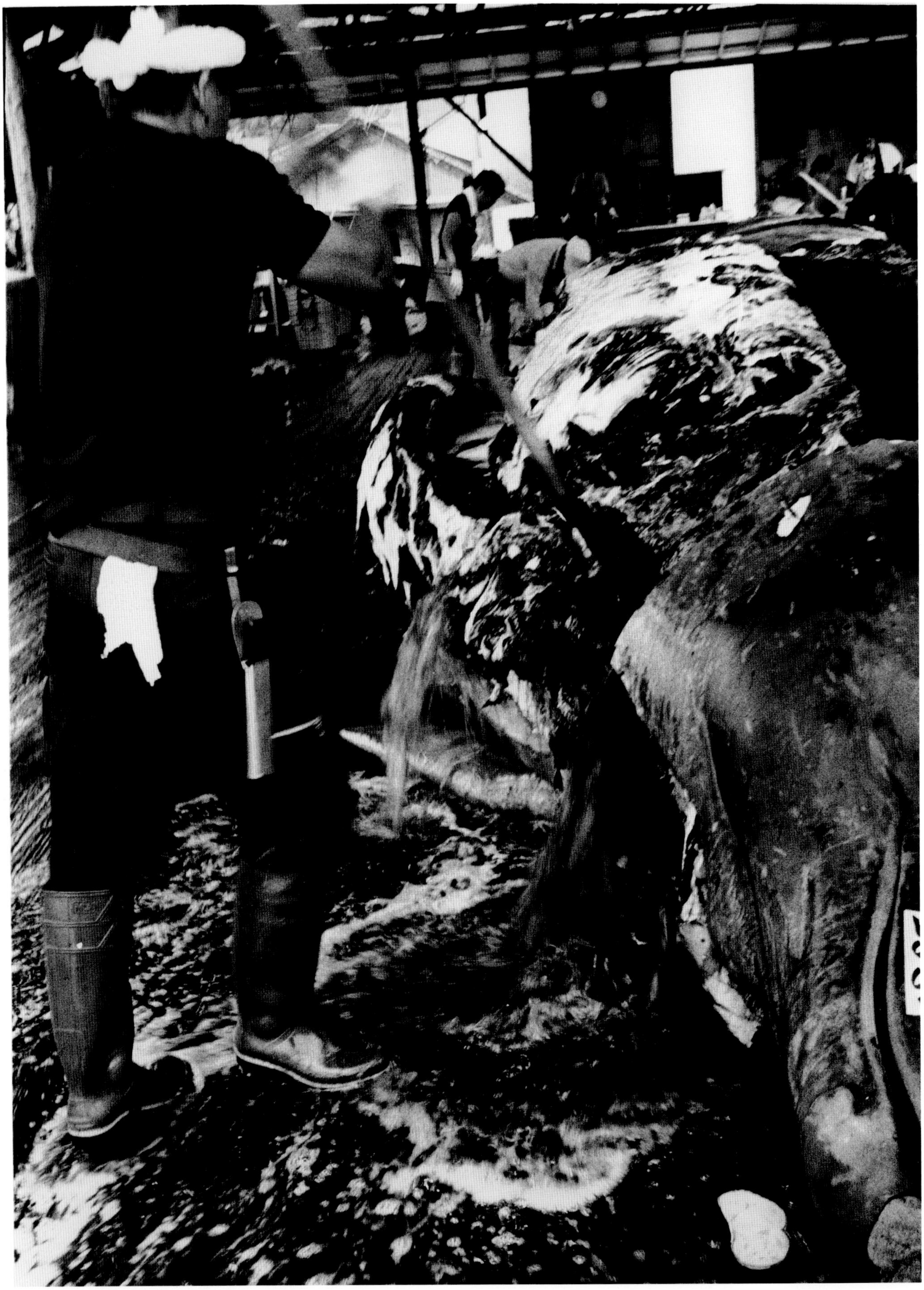

0857

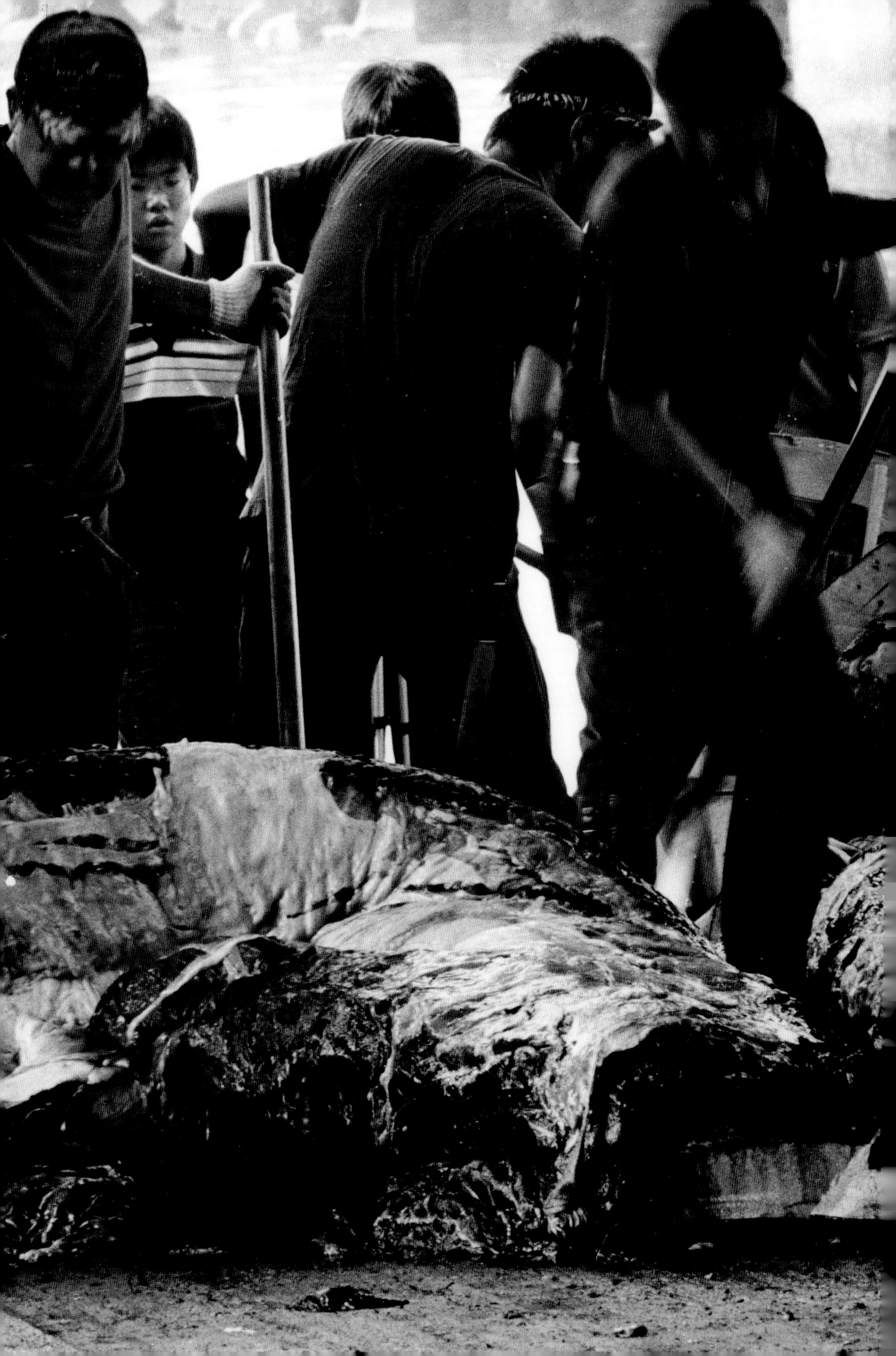

醍醐家

いさなとる安房の浜辺は魚篇に京という字の都なるらん

蜀山人

解説

小関新人

昭和初期に、世の中の少年たちの心をくぎ付けにした雑誌「少年倶楽部」（講談社発行）。一九三六年新年号では七十五万二〇〇〇部を記録するほど売れた雑誌だが、その一因に大型組み立て付録の人気があった。名古屋城や日本海海戦の立役者・軍艦三笠などに交ざって、今からみると、ちょっと異質に思える題材が付録になっていた。

一九三七年二月号についた付録は、「パノラマ模型　日新丸の鯨狩」。氷河に囲まれた南氷洋で、捕鯨母船である初代「日新丸」には捕獲されたクジラが運び込まれ、捕鯨船（キャッチャーボート）上では、砲手が鯨に向けて捕鯨砲を構えている光景が表現されている。

初代「日新丸」は国産初の捕鯨母船で、前年の三六年八月に進水、十月には初の南氷洋捕鯨のため、神戸を出港した。当時の日本は、外貨獲得や日本沿岸での鯨資源の枯渇などを受け、南氷洋での捕鯨は国策となっていた。その光景は、子供心をワクワクさせたのだろう。捕鯨は輝かしい産業だったのだ。だが現在では、南氷洋での商業捕鯨は行えず、日本の捕鯨は調査捕鯨と沿岸小型捕鯨という形態に変化した。おまけに、現代の南氷洋捕鯨を模型にするならば、調査捕鯨母船・日新丸の傍らには、反捕鯨団体「シー・シェパード」の抗議船が伴走して捕鯨を妨害し、その光景をアメリカのテレビ局が撮影しているというような代物になる。こんな光景が子供雑誌の付録となるはずもない。

商業捕鯨は、一九八二年の国際捕鯨委員会（ＩＷＣ）本会議で、国際捕鯨取締条約の付表修正案として採択された、「商業捕鯨モラトリアム（一時停止）」によってできなくなっている。

ＩＷＣは国際捕鯨取締条約に基づいて一九四八年に設立された組織で、二〇一〇年六月の総会時の加盟国は八十八か国。国際捕鯨取締条約は、一九四六年十二月に締結され、一九四八年十一月に発効した。日本が加入したのは、一九五一年四月からだ。全十一条からなる条約本文と、それを実施するための規則が書かれた付表、そして条約が管理するクジラを記した分類表から構成されている。

付表の追加、修正といった変更は、ＩＷＣ加盟国の特別多数決（四分の三）で行うことができる。また、付表修正には、異議申し立てができることが条約に明記されており、その間は異議を申し立てた国に修正の効力は生じない。
日本は、「商業捕鯨モラトリアム」に対して、ノルウェー、ソ連などとともに異議申し立てを行った。しかし、自国水域での制裁をちらつかせた米国の圧力の前に、異議申し立てを撤回した。この結果、南氷洋については八七年七月に、ツチクジラなどを除く沿岸捕鯨については、八八年三月で商業捕鯨を停止した。
「商業捕鯨モラトリアム」が記載された付表修正の中には、遅くとも一九九〇年までに、モラトリアムの包括的評価を行うとともに、規定の修正などについて検討することが明記されているものの、見直しは進んでいないのが現状だ。
調査捕鯨は、国際捕鯨取締条約第八条一項を根拠としている。ここでは、「この条約の規定にかかわらず、締約政府は、同政府が適当と認める数の制限及び他の条件に従って自国民のいずれかが科学的研究のために鯨を捕獲し、殺し、及び処理することを認可する特別許可書をこれに与えることができる。また、この条の規定による鯨の捕獲、殺害及び処理は、この条約の適用から除外する」と規定されている。
日本は、鯨類資源の動向調査などを目的として、南氷洋では商業捕鯨を停止した一九八七年から、一九九四年からは北西太平洋で調査捕鯨を実施している。現在、南氷洋の調査捕鯨である「第Ⅱ期南極海鯨類捕獲調査」は日本鯨類研究所が、北西太平洋の調査捕鯨である「第Ⅱ期北西太平洋鯨類捕獲調査」については、小型捕鯨業者を中心として設立された一般社団法人地域捕鯨推進協会と、日本鯨類研究所が主体となり、主にミンククジラを捕獲している。その鯨肉は売却され、次年度以降の調査費用に充てられている。しかし、鯨肉を売却する行為自体は商業捕鯨と変わりなく、反捕鯨団体などから疑似商業捕鯨という批判もある。

ＩＷＣが管理対象としているのは、シロナガスクジラ、ナガスクジラ、イワシクジラ、ニタリクジラ、ミンククジラ、ザトウクジラ、コククジラ、ホッキョククジラ、セミクジラ、コセミクジラ、マッコウクジラなどの計十三種類が記されている。つまり、記載されていないツチクジラやゴンドウクジラなどは規制対象ではない。

そのため沿岸小型捕鯨では、「商業捕鯨モラトリアム」以前はミンククジラが捕獲の中心だったが、現在では、主にツチクジラやゴンドウクジラが中心となっている。日本小型捕鯨協会によると、現在従事しているのは七業者で、この七業者が四グループに分かれて沿岸小型捕鯨を行っている。

沿岸小型捕鯨の許認可は九隻分あるが、このうち二〇一〇年に稼働したのは第七十五幸栄丸、第二十八大勝丸、第七勝丸、第三十一純友丸、正和丸の五隻。九隻すべてを稼働させるとコストがかかりすぎて経営が成り立たなくなるため、四隻を休漁にして五隻で操業している。このうちの四隻が、地域捕鯨推進協会が主体となって行う「第Ⅱ期北西太平洋鯨類捕獲調査」の三陸沖・釧路沖での「沿岸調査」に参加、ミンククジラを捕獲している。二〇一一年春の「沿岸調査」は三陸沖で行われるはずだったが、東日本大震災の影響により、釧路沖に場所を変えて実施された。本書では、現在沿岸小型捕鯨で稼動中の捕鯨船が主たる根拠地としている、宮城県石巻市、千葉県南房総市、和歌山県太地町を取り上げた。

日本は一九八八年以降、沿岸捕鯨でのミンククジラ捕獲枠設定をＩＷＣに求めてきた。二〇一〇年四月には、ＩＷＣの議長・副議長提案として、今後十年間は日本が沿岸でミンククジラを一二〇頭捕獲することを容認する代わりに、南氷洋で実施している調査捕鯨数を現在の年八五〇頭程度から段階的に二〇〇頭に縮小するという妥協案が公表され、六月の総会にかけられたが、合意には至らなかった。

ＩＷＣは設立当初、捕鯨国の利害調整機関的な役割であったが、現在では捕鯨国と反捕鯨国の対立の場と化し、付表修正をめぐる四分の三の攻防の場所となった。このまま双方が対立を繰り返し、機能不全ともいわれる状態が続くのか。捕鯨をめぐる視界不良は、当面解消されそうもない状態といえる。

（ジャーナリスト・早稲田大学メディア文化研究所　招聘研究員）

古式捕鯨太地の今

二〇一〇年

伝統捕鯨の町・太地の空で、歴史を物語るように親子のクジラが泳いでいた。

古い昔、この突端から沖の鯨を探したという…。現在の燈明崎。

鯨関係者により供養は毎年行われている［右］。かつて、烽火をあげた梶取崎に今は燈台が立つ［左］。

奇岩絶景続きの海岸より望む燈明崎（遠景）。

中央に小さな砂浜と洞道がある［左］。

イルカ漁は正面にあるこの小さな入り江で行われる。

息を呑む景観地で、遊歩道はあるが、今は通行止の札が立てられている。

捕鯨集団・刺手組を組織したという和田頼元の墓（表裏）。

大名の墓にも匹敵する規模を誇る、和田一族の墓標の数々。

沿岸小型捕鯨で活躍する「第七勝丸」（和田浦で写す）。

東明寺にある鯨の供養碑は鯨漁師が残したという［右］。一八七八（明治十一）年のセミクジラ漁で遭難した漁師達の供養碑［左］。

「正和丸」と「第七勝丸」の母港・太地港で水揚げされた鯨は、この漁港の作業所で解体が行われるが非公開である。

海辺に通ずる道は岩をくり抜いてあり、今も残る［右］。軒を寄せ合う路地に、格子戸なども見える狭い通り［左］。

古式捕鯨の姿を知ることが出来る「くじらの博物館」の展示風景。

間近な鯨漁を祝って、祝い酒を持参した関係者［左］。太地港は「正和丸」「第七勝丸」の母港だ。

和歌山・太地は鯨の町、宿泊客の浴衣も鯨柄［右］。鯨料理のフルコースの品々［左］。

マッコウクジラ解体昔日

一九八六年

和田浦港に水揚げのマッコウクジラ。

解体。

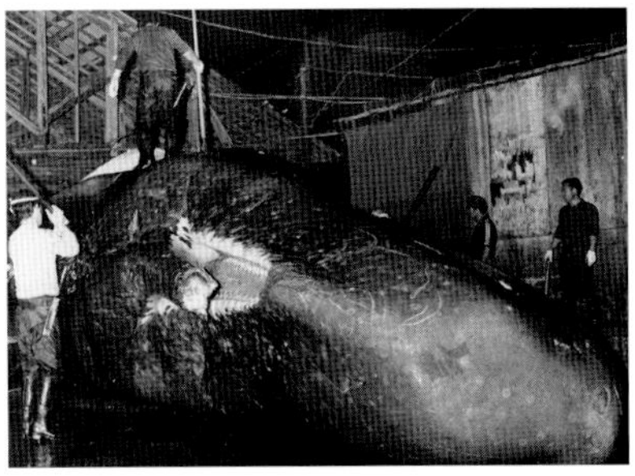

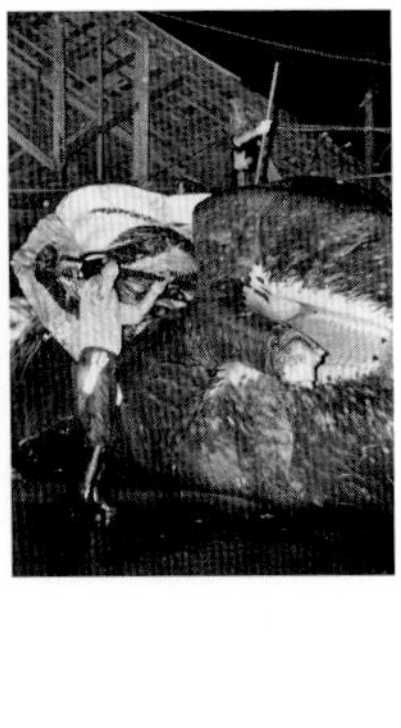

早朝の和田浦に巨大なマッコウクジラが横たわる。

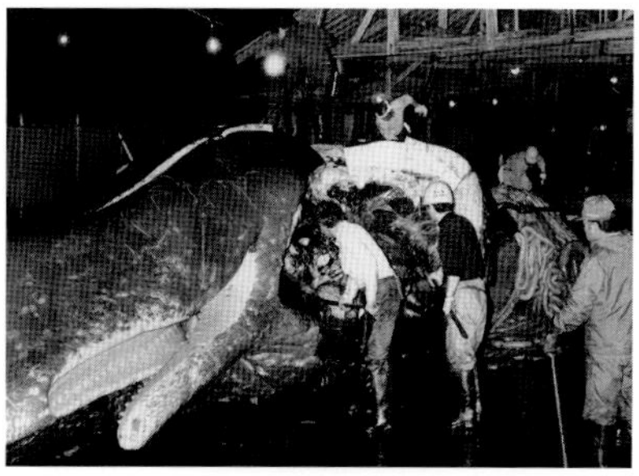

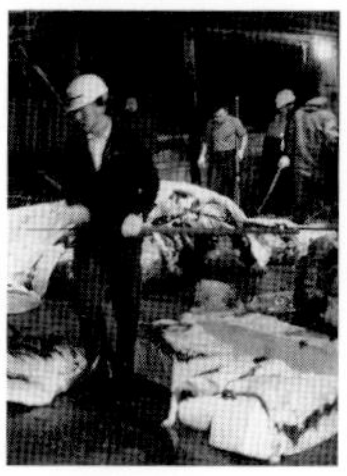

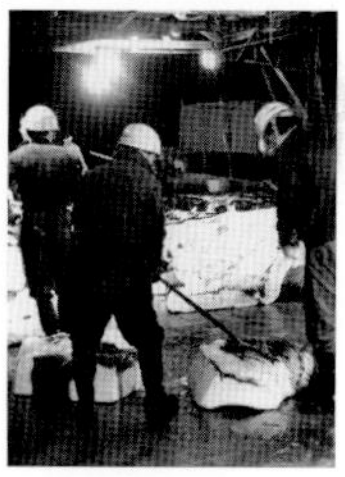

約三、四十分余りで解体される。

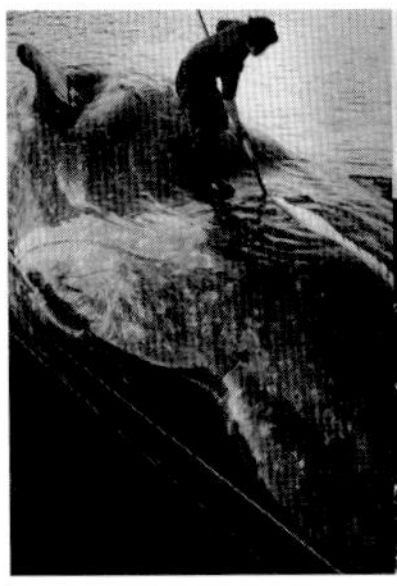

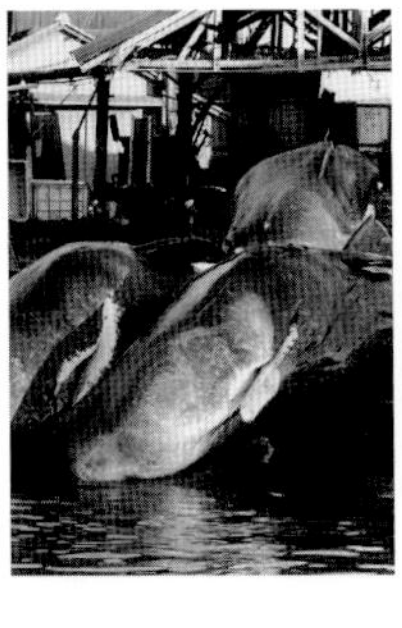

頭の部分だけは大型トラックに積まれ、脳油採取のため本社に運ばれる。

小山のような鯨。解剖係によって四、五十分もするときれいに片付けられる。

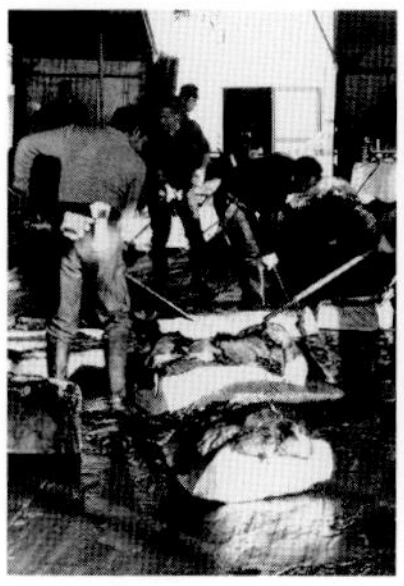

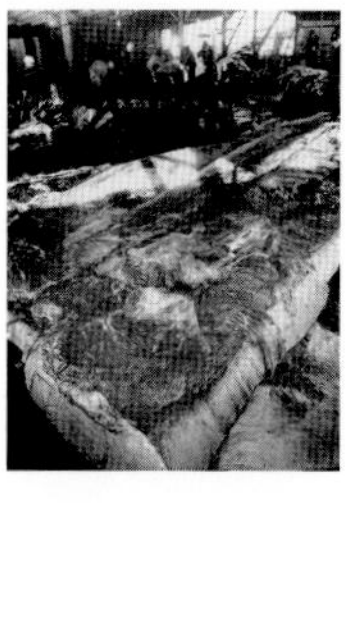

房総には昔より有名な鯨のタレなる特産が、今も世に広く知られている。

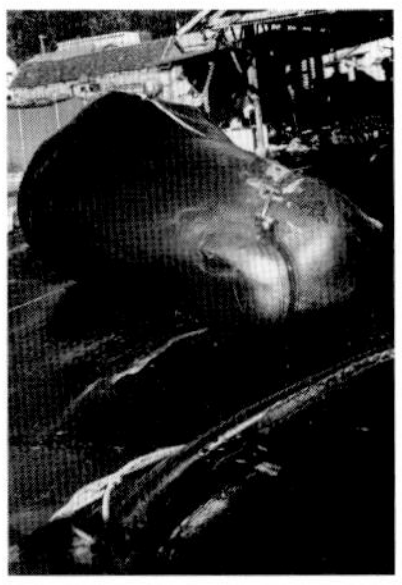

鯨のタレの天日干し。

マッコウクジラの頭から、宇宙開発用の脳油を採取したという。

鯨が浜に打ち寄せて

二〇〇九年

九十九里浜に半死の若いマッコウクジラが打ち寄せられて、浜は大変な騒ぎ。

地元人は助けるべく水をかけるが、どうにもならない。

この鯨は翌日死んだ。この浜の砂地に埋められた。

沿岸捕鯨鮎川港

二〇一〇年

地元鮎川港を基地とする二隻。「第二十八大勝丸」、「第七十五幸栄丸」。

房総と太地から「第七勝丸」、「第三十一純友丸」。鮎川港で写す。

「勝丸」（太地）、「純友丸」（和田浦）［右］。
地元鮎川港の「大勝丸」「幸栄丸」［左］。

マッコウの歯で作る煙草のパイプ［右］。
ブローチなどの装飾品は現品だけと語る店主。今は材料不足で、ほとんどの工芸職人がやめてしまったという［左］。

大洋漁業の捕鯨船「第十六利丸」。現在は展示船になっている［右］。
地元捕鯨の功労者・志野徳助の胸像［左］。

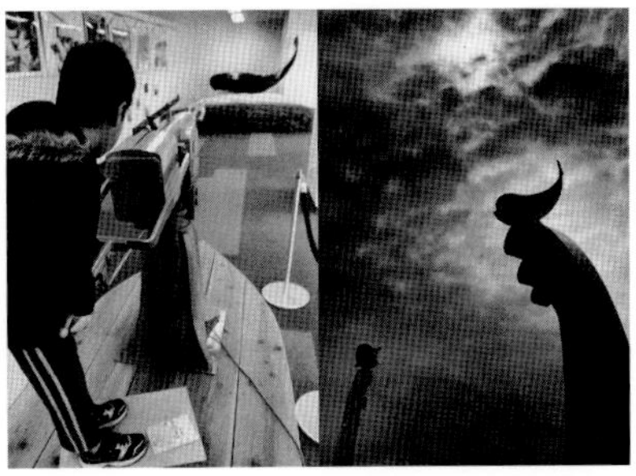

金華山沖へ向かう船乗り場にも鯨のオブジェが［右］。
「おしかホエールランド」で、地元っ子が鯨打ちに夢中だった［左］。

和田浦港とツチクジラ

二〇一〇年

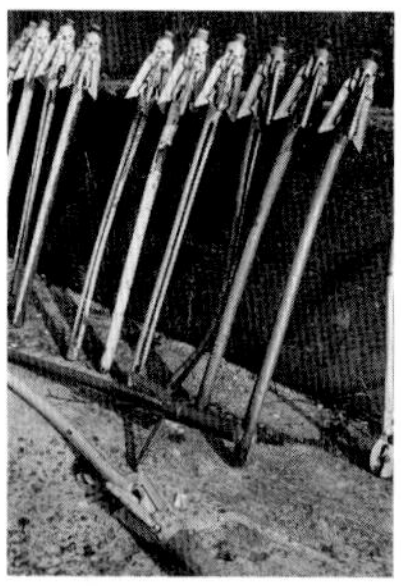

和田浦港の「純友丸」[右]。小型用鯨銛[左]。

大勢の見学者の中で行われるツチクジラの引揚げ作業。

和田浦は日本で唯一の鯨解体を公開する港だ。

水揚げされた鯨は、一頭ごとに測定、記録するのも現代の特徴だ。

捕鯨会社「外房捕鯨」は地元の小学校などにも見学させている。

各個所の結果などを記録する。

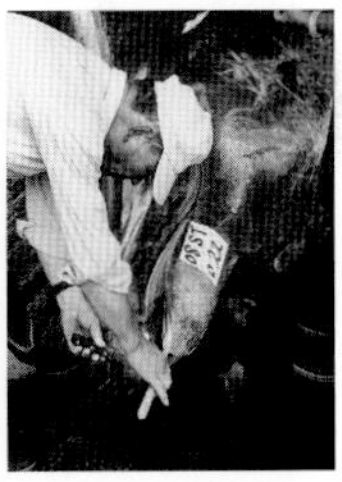

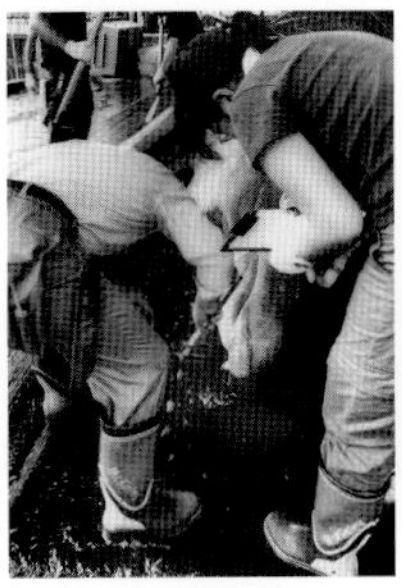

ツチクジラの解体は、誰でも間近で見学することが出来る。

鯨肉を入手すべく待つ人々と、順番取りに並んだ入れ物の数々。

鯨塚。鋸南町には五十基を超える当時の供養塔がある。

房総捕鯨の開祖・醍醐新兵衛の墓（中央）と鯨漁でにぎわう光景を詠んだ大田南畝（蜀山人）の歌碑（右）。

本写真集は二〇一〇年までに撮影・取材されたものです。そのため、東日本大震災の影響などで、現状とは異なる部分があります。被災地の方々にお見舞い申し上げますとともに、一日も早い復興をお祈り申し上げます。

春風社編集部

小関与四郎（こせき・よしろう）

一九三五年、千葉県匝瑳郡栄村川辺（現匝瑳市）の農家に生れる。
一九五四年頃、自転車屋年季奉公時代よりカメラに憧れ、雑誌による独学を始める。その後、一般コンテスト等で成果を得て、カメラ専門誌に応募。『アサヒカメラ』『カメラ毎日』『カメラ芸術』『日本カメラ』など、カメラ誌他で成果を収める。
一九六四年、『カメラ芸術』「オッペシの女」初の八ページ掲載でデビュー。
一九六六年頃より、新聞、週刊誌、一般雑誌、テレビなどに発表機会を得る。
一九七三年、『写真集　九十九里浜』（木耳社、一九七二）で、日本写真協会新人賞受賞。
現在、鹿島沿岸変貌（茨城県）、海岸浸食変貌（千葉県）を取材中。

主な写真集

『写真集　成田国際空港』（木耳社、一九八二）、『大利根用水――みずのいろどり』（関東農政局、一九九二）、『九十九里浜』（春風社、二〇〇四）、『消えた砂浜――九十九里浜五十年の変遷』（協力：日本財団）（日経BP企画、二〇〇五）、『国鉄・蒸気機関区の記録』（アーカイブス出版、二〇〇八）、『九十九里有情』（エッセイ）（東京新聞出版局、一九九二）他。

クジラ解体

二〇一一年六月二〇日　初版発行
定価（本体一五〇〇〇円＋税）
著者　小関与四郎
ブックデザイン　和田誠
発行者　三浦衛
発行所　春風社
〒二二〇―〇〇四四
横浜市西区紅葉ヶ丘五三　横浜市教育会館三階
TEL　〇四五・二六一・三一六八
FAX　〇四五・二六一・三一六九
Website http://shumpu.com
E-mail info@shumpu.com
印刷・製本　シナノ書籍印刷株式会社

ISBN 978-4-86110-261-5 C0072 ¥15000E